前　言

本文件按 GB/T 1.1—2020《标准化工作导则　第 1 部分：标准化文件的结构和起草》的规则起草。

本文件由中国地震学会提出并归口。

本文件起草单位：中国地震局地球物理研究所、北京工业大学、中国地震局地质研究所、应急管理部国家自然灾害防治研究院、中国地震灾害防御中心、南京工业大学、中国地震局工程力学研究所、中国科学院南海海洋研究所、广州大学、中国地震局地震研究所。

本文件主要起草人：李小军、温增平、任治坤、吕悦军、陈波、陈苏、（以下按姓氏笔画排序）王宁、王玉石、王笃国、韦伟、冉洪流、兰日清、朱俊、刘金瑞、李正芳、李亚东、李亚琦、李昌珑、肖亮、闵伟、迟明杰、张力方、陈国兴、周正华、周本刚、荣棉水、胡进军、胡敏章、姜莲婷、胥广银、贺秋梅、徐伟进、高战武、高爽、黄帅、盛俭、崔杰、彭艳菊、董绍鹏、傅磊、谢卓娟。

ICS 93.010

P 15

T

团 体 标 准

T/SSC 1—2024

海域地震动参数区划技术规范

Technical specification for sea area seismic ground motion parameters zoning

2024-01-23 发布

2024-06-01 实施

中国地震学会 发布

目　次

海域地震动参数区划技术规范

1 范围

本文件规定了海域地震动参数区划一般要求、地震活动性评价、地震构造评价、地震动预测方程确定、地震危险性分析、场地地震动参数调整、地震动参数区划图件编制。

本文件适用于海域地震动参数区划及其他相关工作，海域工程场地地震安全性评价工作可参照使用。

2 规范性引用文件

下列文件中的内容通过文件中的规范性引用而构成本文件必不可少的条款。其中，注日期的引用文件，仅该日期对应的版本适用于本文件。不注日期的引用文件，其最新版本（包括所有的修改单）适用于本文件。

GB 17741 工程场地地震安全性评价

GB 18306 中国地震动参数区划图

GB/T 36072 活动断层探测

3 术语和定义

GB 17741、GB 18306、GB/T 36072 界定的及下列术语适用于本文本。

3.1

陆域范围 Land area

海岸线向陆一侧对海域地震危险性有影响且不小于 150 km 的范围。

3.2

近海范围 Offshore area

海岸线向海一侧 40 km 的范围。

3.3

俯冲带范围 Subduction sea area

对海域地震动参数区划有影响的板块俯冲带的范围。

4 一般要求

4.1 区域范围确定

区域范围涉及陆域范围、近海范围和近海范围以外的海域范围，取对海域地震动参数区划有影响的范围，应不小于区划成图范围外延 150 km，考虑俯冲带地震对地震动长周期成分的影响时还应包括俯冲带范围。

4.2 地震动参数确定

4.2.1 区划采用的地震动参数应根据海域工程设防的特殊需求确定。

4.2.2 地震动参数应包含区划成图范围内海洋工程和岛礁工程抗震设防需求的地震动参数，应包括峰值加速度与加速度反应谱，宜包括峰值速度、峰值位移等；同时，应考虑对地震动长周期反应谱的需求。

4.3 超越概率水平确定

应根据区划成图范围内海洋工程和岛礁工程抗震设防需求确定超越概率水平。

4.4 区划图编制

4.4.1 应给出基岩场地条件下地震动分区结果，其他类别场地的地震动应利用海域场地分类和场地地震动参数调整的方式确定。

4.4.2 应采用多超越概率水平、多参数表征的地震动分区形式。

4.5 区划工作内容

海域地震动区划工作应包括以下内容：
a）地震活动性评价；
b）地震构造评价；
c）地震统计区和潜在震源区划分及地震活动性参数确定；
d）地震动预测方程确定；
e）概率地震危险性分析计算；
f）区划场地基岩地震动参数分区图编制；
g）场地地震动参数调整方案确定。

5 地震活动性评价

5.1 一般规定

地震活动性评价应满足 GB 17741 相关规定。

5.2 地震资料收集

工作区域范围内的地震资料收集应符合以下要求：
a）陆域范围，采用我国正式出版的地震目录和地震部门公布的地震报告；
b）海域范围，采用我国正式出版的地震目录和地震部门公布的地震报告，并收集补充周边国家和地区出版或发布的地震资料；
c）俯冲带范围，收集我国最新研究成果及国际权威组织出版或发布的地震资料。

5.3 地震资料处理

地震资料处理应符合以下要求：
a）发震时间应统一到北京时间；
b）不同来源地震事件统一采用震级 M；
c）应评估给出地震定位精度。

5.4 地震目录编制

地震目录编制应符合以下要求：

a) 编制区域地震目录，包括破坏性地震目录（$M \geqslant 4.7$）和中小地震目录（$4.7 > M \geqslant 2.0$）；地震目录中包含浅源、中深源地震；

b) 编制破坏性地震目录，包括发震时间、震中位置、震级、震源深度、定位精度等；

c) 编制中小地震目录，包括发震时间、震中位置、震级、震源深度等。

5.5 震中分布图编制

震中分布图编制应符合以下要求：

a) 分别编制区域破坏性地震震中分布图和区域中小地震震中分布图；

b) 注明资料的起止年代；

c) 标注主要地震的震级和发震日期；

d) 区分出浅源、中深源地震；

e) 编制俯冲带部分的地震空间分布图。

5.6 地震活动时空特征分析

地震活动时空特征分析应符合以下要求：

a) 给出地震资料各震级档的完整性评价；

b) 进行地震活动空间分布特征分析，给出地震活动成带、丛集、弥散、重复等平面特征；

c) 对于俯冲带中深源地震活动，给出能体现俯冲带特征的板间和板片地震活动三维空间特征，分析特定方向的震源随深度变化关系；

d) 对于区域范围涉及的主要地震统计区，应评价地震活动随时间变化特征与未来地震活动趋势。

5.7 震源机制分布图编制

应收集、补充区域震源机制解资料，编制震源机制分布图。

6 地震构造评价

6.1 一般规定

地震构造评价应满足 GB 17741 相关规定。

6.2 控制性探测与主要断层活动性初步鉴定

6.2.1 应在构造单元划分的基础之上，结合已有地质与地球物理资料，开展控制性探测，确定区域范围主要海域断层的展布位置和规模，编制地震构造图。

6.2.2 应利用区划成图范围已有地震反射剖面和钻孔资料，分析海底地层断错和年代信息，初步鉴定区划成图范围主要断层的活动性。

6.2.3 应将区划成图范围内断层长度大于 50 km，或活动时代为晚更新世以来的断层作为关键断层，将区划成图外延 50 km 范围作为关键区域，以确定需进一步详细探测的关键断层。

6.3 陆域活动断层探测

陆域活动断层探测应满足 GB/T 36072 相关规定。

6.4 关键区域海域活动断层详细探测

活动断层详细探测应符合以下要求：

a) 探测方法宜采用单波束探测、多波束探测、侧扫声呐测量、浅地层剖面测量、单道地震、多道地震、地质钻探、原位测试等；

b) 海域活动断层定位：

1) 对浅地层探测获取的近海底断层应选择条带状地质—地貌探测方法，配合观测点仪器定位和大比例尺地形底图，标绘海域活动断层迹线；

2) 对隐伏活动断层应选择高分辨地震勘探方法，以及必要的跨断层多钻孔联合勘探分析，配合观测点仪器定位和大比例尺地形底图，用断层上断点在海底的垂直投影标绘隐伏活动断层展布；

c) 活动性鉴定：

1) 应根据断错地层剖面中揭露的断层与第四纪地层的切错、覆盖关系，判定断层的活动时代，将断层分为前第四纪断层、早中更新世断层、晚更新世断层和全新世断层四类；

2) 海域活动断层的判定应有2个或以上可靠的观测点或钻孔联合地质剖面资料的依据，每个观测点或地质剖面的有效年龄数据应不少于2个；

3) 应根据断层两盘块体的运动特征，将断层分为走滑断层、正断层和逆断层等，宜给出海域活动断层的几何结构、不同时期位移量、同震位移量、滑动速率等参数。

6.5 区域地震构造图编制

6.5.1 陆域地震构造图编制应满足 GB 17741 相关规定。

6.5.2 海域地震构造图编制比例尺应采用1：100万。

6.5.3 海域地震构造图编制应符合以下要求：

a) 标注内容应包括：

1) 断层类型与产状；

2) 全新世断层、晚更新世断层、早中更新世断层、前第四纪断层；

3) 海域活动断层在海底的迹线或上断点在海底的垂直投影；

4) 新生代或第四纪沉积盆地边界；

5) 第四系分布范围和第四系等厚线；

6) 破坏性地震震级和震中位置，火山位置；

b) 附图和附件内容应包括：

1) 实际材料图，包括实际开展的各种手段工作的信息在图件上的展示，如钻孔位置、采样位置、不同调查方法的实际调查测线等；

2) 新构造分区图；

3) 地质剖面图；

4) 重磁异常图；

5) 地壳等厚线图；

6) 现代构造应力场图；

7) 海底地形及海水等深线图；

8) 地震构造图说明书。

6.5.4 俯冲带地震构造图编制应符合以下要求：

a) 标注内容应包括：

1) 断层类型与产状；

  2）俯冲带三维几何结构；

  3）新生代或第四纪沉积盆地边界；

  4）破坏性地震震级和震中位置，火山位置；

 b）支撑图件应包括：

  1）实际材料图，包括实际开展的各种手段工作的信息在图件上的展示，如钻孔位置、采样位置，不同调查方法的实际调查测线等；

  2）俯冲带层析成像结果；

  3）俯冲带海域地质剖面图；

  4）重磁异常图；

  5）地壳等厚线图；

  6）现代构造应力场图；

  7）海底地形及海水等深线图；

  8）地震构造图说明书。

7 地震动预测方程确定

7.1 一般规定

地震动预测方程的确定应满足 GB 17741 相关规定。

7.2 地震动预测方程选择

7.2.1 地震动预测方程应考虑：

 a）地震动峰值加速度和短周期反应谱在大震级和近距离的饱和特性；

 b）中深源地震的断层尺度影响；

 c）中深源地震的震源深度影响。

7.2.2 地震动预测方程中应包括峰值加速度和长周期（10 s 以上）的地震动反应谱，宜包括峰值速度和峰值位移。

8 地震危险性分析

8.1 一般规定

地震危险性分析应满足 GB 17741 相关规定。

8.2 地震统计区划分

8.2.1 应依据地震活动空间分布的成带性和地震与活动构造带的一致性划分地震统计区。

8.2.2 板块俯冲带地震统计区划分应重点考虑板块边界构造特征与中深源地震活动三维空间特征。

8.3 潜在震源区划分

8.3.1 应考虑区域范围内陆域范围、近海范围和其他范围及俯冲带潜在震源模型的差异，在地震统计区内划分不同类型的潜在震源区，包括二维潜在震源区与三维断层面潜在震源区。

8.3.2 应根据地震构造环境和地震活动特点，考虑地震构造环境与地震活动特征的差异，建立潜在震源模型。

8.3.3 应建立能够反映地震活动时空分布不均匀性特点的模型。

8.3.4 应考虑俯冲带地震构造三维结构特征与地震活动特点，建立反映俯冲带地震活动三维空间特征的中深源潜在震源模型。

8.4 地震危险性分析计算

8.4.1 地震危险性分析应考虑陆域、近海板内潜在地震及俯冲带浅部和中深部潜在震源的共同影响。

8.4.2 应根据潜在震源区类型选择相适应地震动预测方程。对于俯冲带中深源潜在震源区，应采用适用于俯冲带地区三维结构模型的地震动预测方程。

8.4.3 应给出给定地震动参数值的超越概率和给定超越概率的地震动参数值。

8.4.4 应给出不同超越概率水平的地震动参数值，地震动参数值应包括峰值加速度和加速度反应谱值，宜包括峰值速度和峰值位移。

8.4.5 应考虑潜在震源模型、潜在震源区边界及地震活动性参数的不确定性。

8.4.6 应考虑地震动预测方程的不确定性。

9 场地地震动参数调整

9.1 场地地震动参数调整要求

9.1.1 应收集海域场地环境资料，分析海底地形特征并确定大陆架、大陆坡或大洋底等海域场地。

9.1.2 对大陆坡和大洋底场地的地震动参数调整应做专门研究。

9.1.3 对大陆架场地应进行场地类别划分，宜按附录 A 对大陆架海域场地进行分类，分为 I_0、I_1、II_1、II_2、III_1、III_2、IV 共 7 类。

9.2 场地地震动参数调整方案

9.2.1 大陆架场地的地震动峰值加速度 $a_{max\,S}$ 应根据 I_1 类场地的地震动峰值加速度 $a_{max\,I_1}$ 和场地地震动峰值加速度调整系数 F_a，按公式（1）确定：

$$a_{max\,S} = F_a a_{max\,I_1} \quad \cdots\cdots\cdots\cdots\cdots\cdots\cdots\cdots\cdots\cdots\cdots（1）$$

9.2.2 大陆架场地地震动峰值加速度调整系数 F_a 可按表 1 所给值分段线性插值确定。

表 1 场地地震动峰值加速度调整系数 F_a

I_1 类场地地震动峰值加速度值 g	场地类别						
	I_0	I_1	II_1	II_2	III_1	III_2	IV
≤0.05	0.90	1.00	1.25	1.40	1.55	1.63	1.56
0.10	0.90	1.00	1.22	1.35	1.50	1.53	1.46
0.15	0.90	1.00	1.20	1.30	1.40	1.38	1.33
0.20	0.90	1.00	1.18	1.25	1.25	1.18	1.18
0.30	0.90	1.00	1.05	1.08	1.08	1.05	1.00
≥0.40	0.90	1.00	1.00	1.00	1.00	1.00	0.90

9.2.3 I_0、II_1、II_2、III_1、III_2、IV 类场地的地震动加速度反应谱 $S_S(T)$（T 为反应谱周期值），应根据 I_1 类场地地震动加速度反应谱 $S_{I_1}(T)$ 和场地地震动加速度反应谱调整系数 F_S，按公式（2）

确定：

$$S_s(T) = F_s \cdot S_{I_1}(T) \quad\quad\quad \cdots\cdots\cdots\cdots\cdots\cdots\cdots\cdots\cdots\cdots (2)$$

9.2.4 场地地震动加速度反应谱调整系数 F_s 可按公式（3）确定：

$$F_s(T) = \begin{cases} F_a & T \leqslant 1.0 \text{ s} \\ (F_a - 1.0)(10.0 - T)/9 + 1.0 & 1.0 \leqslant T \leqslant 10.0 \text{ s} \\ 1.0 & T > 10.0 \text{ s} \end{cases} \quad \cdots\cdots (3)$$

10 地震动参数区划图件编制

10.1 编图原则

海域地震动参数区划图的编制应符合以下要求：

a）应基于地震危险性分析计算得到的地震动参数值，对区划成图范围内地震动参数进行分区，编制 I_1 类场地的地震动参数区划图，包括不同超越概率水准和不同地震动参数的区划图；

b）应提供地震动参数区划图使用的场地地震动参数调整方案。

10.2 图件要求

海域地震动参数区划图的图件应符合以下要求：

a）局部海域 I_1 类场地地震动参数区划图，比例尺宜取 1：100 万；

b）全国海域 I_1 类场地地震动参数区划图，比例尺宜取 1：400 万。

附　录　A

（规范性）

大陆架海域场地类别划分

A.1　大陆架海域场地类别

大陆架海域场地宜划分为 I_0、I_1、II_1、II_2、III_1、III_2、IV 共 7 类。

A.2　场地类别划分

A.2.1　应依据场地土层性质、覆盖土层厚度和土层等效剪切波速值进行海域场地类别划分，可按表 A.1 进行场地类别划分。

表 A.1　场地类别划分表

场地覆盖土层等效剪切波速 V_{se}（或岩石剪切波速 V_s）m/s	场地覆盖土层厚度 d m					
	$d=0$	$d<5$	$5 \leqslant d \leqslant 15$	$15<d \leqslant 40$	$40<d \leqslant 80$	$d>80$
$V_s>800$	I_0	—				
$800 \geqslant V_s>500$	I_1	—				
$500 \geqslant V_{se}>290$	—	I_1		II_1		II_2
$290 \geqslant V_{se}>240$	—	I_1	II_1	II_2	III_1	III_2
$240 \geqslant V_{se}>190$	—	I_1		II_2	III_1	III_2
$V_{se} \leqslant 190$	—	I_1	II_2	III_1	III_2	IV

A.2.2　场地土层等效剪切波速 V_{se} 应按公式（A.1）和公式（A.2）计算。

$$V_{se} = d_0/t \quad \cdots\cdots\cdots\cdots\cdots\cdots\cdots\cdots\cdots \text{（A.1）}$$

$$t = \sum_{i=1}^{n} (d_i/V_{si}) \quad \cdots\cdots\cdots\cdots\cdots\cdots\cdots \text{（A.2）}$$

式中：

V_{se}——场地土层等效剪切波速，单位为 m/s；

d_0——计算深度，单位为 m，取覆盖土层厚度和 40 m 两者的较小值；

t——剪切波在地面至计算深度之间的传播时间，单位为 s；

d_i——计算深度范围内第 i 土层的厚度，单位为 m；

V_{si}——计算深度范围内第 i 土层的剪切波速，单位为 m/s；

n——计算深度范围内土层的分层数。

A.2.3　场地覆盖土层厚度的确定：

a）应按海底面至剪切波速达到 500 m/s，且其下卧各岩土层的剪切波速均不小于 500 m/s 的土层顶面的距离确定；

b）剪切波速大于 500 m/s 的孤石、透镜体，应视同周围土层；

c）对于土层中的火山岩硬夹层，计算中应忽略不计，其厚度应从覆盖土层厚度中扣除。

图书在版编目（CIP）数据

海域地震动参数区划技术规范（T/SSC 1 — 2024）/中国地震学会著. —北京：地震出版社，2024.2

ISBN 978-7-5028-5644-1

Ⅰ.①海…　Ⅱ.①中…　Ⅲ.①海域—地震动参数—地震区划—技术规范—中国　Ⅳ.①P315.5-65

中国国家版本馆 CIP 数据核字（2024）第 022774 号

地震版　XM4923/P（6469）

团体标准

海域地震动参数区划技术规范（T/SSC 1—2024）

中国地震学会

责任编辑：王　伟

责任校对：李亚靖

出版发行：地震出版社

　　　　　北京市海淀区民族大学南路 9 号　　　　　邮编：100081

　　　　　销售中心：68423031　68467991　　　　　传真：68467991

　　　　　总 编 办：68462709　68423029

　　　　　图书出版部：68721991

　　　　　http://seismologicalpress.com

　　　　　E-mail：68721991@ sina.com

经销：全国各地新华书店

印刷：河北赛文印刷有限公司

版（印）次：2024 年 2 月第一版　2024 年 2 月第一次印刷

开本：880×1230　1/16

字数：32 千字

印张：1

书号：ISBN 978-7-5028-5644-1

定价：20.00 元

版权所有　翻印必究

（图书出现印装问题，本社负责调换）

ISBN 978-7-5028-5644-1

9 787502 856441 >